Jean-Henri Fabre

法布尔昆虫记

蔬菜大食客菜粉蝶

〔韩〕金春玉◎编著   〔韩〕金世镇◎绘   李明淑◎译

北京科学技术出版社
100层童书馆

序

　　法布尔是一位杰出的昆虫学家，也是一位优秀的文学家。19 世纪末至 20 世纪初，法布尔捧出了一部《昆虫记》，世界响起了一片赞叹之声，这片赞叹声一响就是 100 多年，直到今天！

　　《昆虫记》语言朴素却不失优美，法布尔把一部严肃的学术著作写成了优美的散文，人们不仅能从中获得知识，更能获得一种美的享受，并由衷地对大自然产生深深的爱！

　　作为一位昆虫学家，一位用心去观察、用爱去感受的昆虫学家，法布尔的科学研究是充满诗意的。他不把昆虫开膛破肚，而是充满爱心地在田野里观察它们，跟它们亲密无间。他用诗人的语言描绘这些鲜活的生命，昆虫在他的笔下是生动、美丽、聪慧、勇敢的，他说他在"探究生命"，目的是"让人们喜欢它们"。他的心如同孩童般纯真，他的文字也充满想象力和感染力。他要让厌恶昆虫的人知道，这些微不足道的小虫子有许多神奇的本领，它们勇于接受大自然的考验，努力在这个世界上争得生存的空间。

　　北京科学技术出版社出版的这套改编的儿童版"法布尔昆虫记"换了一种方式来呈现这部科学经典。这套书用简洁的语言、精美的彩图、生动的故事情节描绘法布尔原著中具有代表性的昆虫，讲述它们的故事，展现它们的个性，处处流露出作者对它们的喜爱。我向小朋友们推荐这套彩图版"法布尔昆虫记"，是因为它语言非常优美，且所描绘的昆虫形象栩栩如生，小朋友们可以透过文字了解它们的喜怒哀乐。故事兼具科学性和趣味性，能够激发小朋友们的阅读兴趣和对大自然的好奇心，培养他们尊重生命、亲近自然、热爱科学的精神！

　　最后，希望北京科学技术出版社出版更多、更好的儿童科普书，同时也祝愿我国的儿童科普事业蓬勃发展！

中国科学院院士

张广学

菜粉蝶的天敌

在各种蝴蝶中，法布尔选择了菜粉蝶作为研究对象。

菜粉蝶幼虫会以惊人的速度吃掉卷心菜，并以惊人的速度迅速成长。虽然菜粉蝶一次可产下 200 多枚卵，但其中只有 20 多枚能够孵化成成虫。而且，幼虫即使顺利长成蝴蝶，也随时面临着被鸟、蜘蛛或螳螂等吃掉的危险，所以，最终只有三四只菜粉蝶能完成传宗接代的重任。

菜粉蝶幼虫的天敌是赤眼蜂、小茧蜂和金小蜂等昆虫，它们会吃掉菜粉蝶的幼虫。如果没有这些天敌会怎么样呢？菜粉蝶会异常增多，如此一来，卷心菜的数量就会越来越少，最后菜粉蝶会因为没有足够的食物而面临饿死的危险。自然界神奇地维持着生态平衡，菜粉蝶通过增加产卵数量来提高下一代的存活率，从而维持种群数量的稳定。

菜粉蝶还有许多奇特的故事，现在，就让我们和法布尔一起去了解菜粉蝶吧！

目录

蔬菜大食客——菜粉蝶

在各种蝴蝶中，

法布尔选择了菜粉蝶作为研究对象，

因为菜粉蝶是全球分布最广的蝴蝶之一。

菜粉蝶的幼虫非常喜欢吃卷心菜叶，

那么，在人类种植卷心菜之前，

它们吃什么呢？

要知道，

早在人类文明出现之前，

菜粉蝶就已经出现在地球上了。

最爱卷心菜

一只菜粉蝶慢慢从地上飞起，
她那闪耀着淡黄色光芒的白色翅膀
在阳光下十分亮丽。
她翅膀的上缘和中间，
点缀着黑色的斑纹。

又嫩又好吃的卷心菜，
我的宝宝们最喜欢。

又大又香甜的卷心菜，
让我的宝宝们快快长大。

又绿又有营养的卷心菜，
让我的宝宝们健康成长。

4 月的山野绿油油的，

一只美丽的菜粉蝶一边唱歌，

一边四处飞行。

她径直飞过柳橙树、橘子树和青花椒树。

"柑橘凤蝶的幼虫喜欢吃这些树的叶片。"

接着，她又飞过了生菜地。

"不能给我的宝宝吃没有营养的生菜，

蚕豆叶或者豌豆叶也不行。"

因为她的宝宝只吃十字花科植物，

所以，她毫不迟疑地离开了。

"宝宝们，妈妈给你们讲个故事。

很久很久以前，

我们的祖先以沿海地区的野生卷心菜为食，

但是，野生卷心菜叶子又硬又窄。

而且味道又苦又涩。

我们的祖先因为没有足够的食物，

也经常吃一些其他十字花科植物。

这里补充一下，

十字花科植物因为 4 片花瓣

呈十字形排列而得名。

由于人类也很喜欢吃野生卷心菜，

所以，人类经过不断改良，

把叶子又硬又难吃的野生卷心菜

变成了叶子又大又嫩、

味道鲜美的卷心菜，

可见人类的种植技术多么厉害！

另外，萝卜和荠菜等也都是十字花科植物，

你们要记得挑这些植物吃啊！"

菜粉蝶用温柔的声音
给还在自己肚子里的宝宝们讲故事听。
然后，她便开始东张西望地寻找最味美的卷心菜。
"嗯，我闻到一股诱人的香味，
附近一定有卷心菜，我得赶紧过去看看！"
菜粉蝶高兴地一口气飞了过去。
果然，她找到一大片卷心菜地，
又大又嫩的卷心菜叶看起来非常可口。
"哇！终于找到了！"
菜粉蝶不停地在卷心菜地里飞来飞去，
不时用触角轻轻拍打着叶子。
她先用眼睛仔细查看，
再用触角触碰，
就知道眼前的卷心菜适不适合宝宝们吃。
"好了，这里就是你们的乐园了！"
菜粉蝶从空中飞落下来。

这里真是菜粉蝶的最佳产卵地点。

"这颗不错！"

菜粉蝶挑选了一颗又大又嫩的卷心菜，

并仔细检查它是否被其他昆虫啃过。

确认那是颗很干净的卷心菜，

她便开始在叶子的背面产卵。

只见她轻轻地左右扭动着产卵管，

小心翼翼地产下了许多浅黄色的卵。

小心点儿吧！
要远远躲开赤眼蜂！

茁壮成长吧！
一定要避开小茧蜂！

快点儿长大吧！
千万不要被金小蜂发现！

健康成长吧！
你们都要长成美丽的菜粉蝶！

菜粉蝶一边产卵，

一边轻声而坚定地告诫自己的宝宝。

等到产下所有的卵，

菜粉蝶已经筋疲力尽——

她足足产下 200 多枚卵。

就在这时，

不知从什么地方飞来一群赤眼蜂。

赤眼蜂体长 0.5 ～ 1 毫米，

属于比较小的昆虫。

"嘿嘿！可爱的菜粉蝶宝宝们，

原来你们躲在这里呀！"

赤眼蜂兴高采烈地飞了过来，

立刻在菜粉蝶的卵上产下了自己的卵。

菜粉蝶的宝宝们毫不知情，

还忙着为孵化做准备呢。

过了一个星期，

菜粉蝶的卵孵化了。

一团团的卵几乎同时开始孵化。

只见幼虫们纷纷在卵壳的顶端钻开一个小洞，

慢慢地爬了出来。

他们钻洞时，

出口周围不会出现裂纹。

一只幼虫刚从卵壳里露出上半身，

其他幼虫也接二连三地露出头来。

他们都是通过自己的努力破壳而出的。

"大家好！我叫雪白。"

一只刚爬出来的幼虫兴奋地跟同伴打招呼。

雪白用惊奇的目光打量着自己的卵壳，

它就像用塑料薄膜做的半透明的椭圆形胶囊，

散发着金黄色光泽，

简直就是件精美的艺术品。

"没想到我的卵壳竟然这么漂亮！"
卵壳表面有许多纵横排列的脊纹，
看上去就像魔术师的帽子一样。
这时，雪白发现还有很多卵没有孵化。
"喂！你们怎么了？"
"你们在做什么？怎么还不出来呀？"
雪白和其他幼虫一起喊了起来。
但是，那些卵最终也没孵化，
他们就是遭到赤眼蜂攻击的卵。
赤眼蜂的幼虫吃掉了菜粉蝶的卵。
这时，雪白仿佛听到了妈妈的声音——
那是妈妈温柔的叮咛声，
那是妈妈怜爱的嘱咐声。

小心点儿吧！
要远远躲开赤眼蜂！

雪白把妈妈的嘱咐牢牢记在心里，
她暗暗下定决心：
一定要健健康康地长大，
像妈妈一样产下漂亮的卵。
"来吧！打起精神吧！
对了，我得先吃掉自己的卵壳。"
原本趴在卵壳上一动不动的幼虫们
都开始啃自己的卵壳，
他们像咀嚼松脆的饼干一样，
从卵壳顶端不停地往下啃。

过了一个晚上，

雪白和其他幼虫的卵壳只剩圆形的底部，

如同镶嵌在叶子上的圆圈一样。

这时，幼虫的身体散发出淡淡的橘黄色光泽，

还长出了稀疏的白色绒毛。

菜粉蝶的幼虫一共有 8 对足，

胸部有 3 对，腹部有 4 对，尾部有 1 对。

和他们娇小的身体比起来，

他们的头显得异常大，而且又黑又亮。

菜粉蝶幼虫们用又尖又硬的嘴巴啃食着卷心菜叶。

"我们赶快吃吧！"

"嗯，我快饿死了！"

卷心菜的叶子非常光滑，就像涂了一层蜡一样，

再加上叶片卷曲得很厉害，

刚孵化出来的幼虫如果不小心从上面滑下来，

就会困在叶子间的缝隙里不幸死去。

"我们先吐丝做防滑的脚垫吧！"

"好啊！这样就不会滑下去了！"

菜粉蝶的幼虫吃掉自己的卵壳，

就是为了吐出柔韧的丝。

"我已经做好脚垫了！"

"我也是！"

对菜粉蝶的幼虫来说，

用吐出的丝制作"脚垫"

是轻而易举的事情。

虽然此时雪白还很弱小，

体长只有2毫米左右，

但是，只要接触到卷心菜的叶子，

她就会本能地吐丝制作脚垫。

做好脚垫后，

雪白开始大口大口地吃卷心菜叶。

"咔嚓咔嚓……咔嚓咔嚓……"

到处都可以看到忙着吃卷心菜叶的幼虫们。

一天、两天、三天……日子一天天过去，

雪白的身体不知不觉长大了很多，

从原来的2毫米变成了4毫米。

并且，她的模样也有了很大的变化，

淡黄色的皮肤上长出了很多黑色斑点。

"我要开始蜕皮了！"

"我也是！如果不蜕皮，

我的身体就无法再长大了！"

菜粉蝶幼虫的外皮不会随着身体长大，

所以每隔一段时间他们就要蜕一次皮。

菜粉蝶幼虫一共要蜕 4 次皮，
每蜕一次皮，就长大一岁。
蜕皮后的雪白需要休息一两天，
等待自己柔软的皮肤变硬。
"好了，我感觉皮肤已经很结实了！"
等到皮肤变得比较硬时，
雪白又开始狼吞虎咽地吃起卷心菜叶来，
速度比以前更快了。

其他幼虫也在拼命吃着卷心菜叶，
到处都是"咔嚓咔嚓"的咀嚼声。
很快，卷心菜叶上出现了一个个大洞。
菜粉蝶幼虫总是一天到晚吃个不停，
他们的胃口真是太大了！
雪白太喜欢卷心菜又嫩又香的叶子了，
但是，爱吃卷心菜的可不是只有菜粉蝶的幼虫，
雪白听妈妈说，人类也非常喜欢吃卷心菜。

人类从古希腊时代起，
就开始栽培卷心菜了。
那时有很多卷心菜生长在田地里，
菜粉蝶的祖先如果看到这一幕，
一定会高兴得欢呼起来。
因为爱吃卷心菜，
菜粉蝶成为农夫最讨厌的害虫。
农夫为了驱赶菜粉蝶想尽了办法，
例如，在卷心菜地里打下木桩，
再在木桩上放上白马的头骨，
他们认为，白马的头骨对驱赶菜粉蝶有效。

在法布尔先生居住的普罗旺斯地区，

农夫也有类似的习惯。

他们用鸡蛋壳代替白马的头骨，

将鸡蛋壳扣在木桩上。

他们认为菜粉蝶会在白白亮亮的蛋壳上产卵，

这样一来，菜粉蝶幼虫就会被强烈的阳光烤焦，

或是因为没有东西吃而很快死掉。

在菜粉蝶看来，

这真是可笑的举动，

难道菜粉蝶妈妈们都是笨蛋吗？

明明有可口的卷心菜，

为什么要跑到蛋壳上产卵呢？

后来，有些农夫为了杀死菜粉蝶幼虫，
开始在农田里喷洒农药，
幸好雪白所在的这片农田的主人没有这么做。
虽然喷洒农药可以杀死菜粉蝶幼虫，
但是，农药也会残留在卷心菜上，
危害人类的健康。

雪白用心记住了妈妈说过的每一句话，
她想着以后自己产卵的时候，
也要像妈妈一样给宝宝们讲很多故事。
雪白期盼着自己能快快长大，
她暗下决心：不管发生什么事，
都要努力变成一只美丽的蝴蝶！
"狼吞虎咽地吃吧！"
"是啊！这才像菜粉蝶的幼虫嘛！"
"我们会健康地长大！"
幼虫们高兴地边吃边唱，
还不停地抖动着自己的身体。

小心那些蜂

"嘿嘿！可爱的菜粉蝶幼虫们，

你们看起来又肥又嫩啊！"

不知从哪儿飞来一群蜂，

他们体长约 3 毫米，

身体明显比菜粉蝶幼虫的娇小，

但比赤眼蜂要大很多。

他们不停地在菜粉蝶幼虫间飞来飞去。

"啊！是小茧蜂！"

雪白吓了一跳，大声喊了起来。

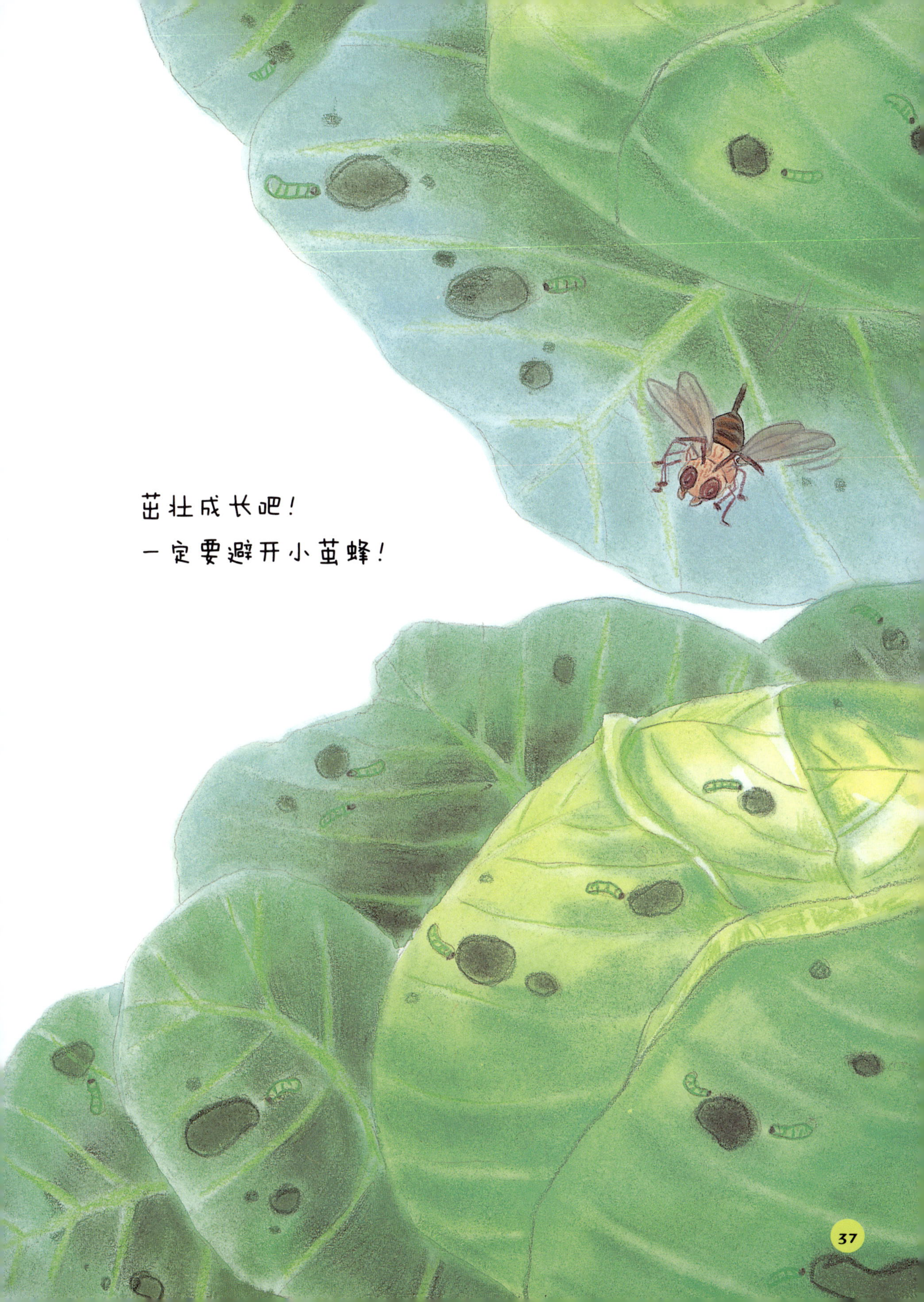

茁壮成长吧！

一定要避开小茧蜂！

雪白清楚地记着妈妈的嘱咐，

但其他幼虫好像并不在意小茧蜂的出现，

只顾埋头吃卷心菜叶。

他们像受过军事训练一般，

整齐而有序地吃着卷心菜叶。

"哇！好大的幼虫啊！"

一只小茧蜂轻轻地飞了过来，

落在一只比雪白大很多的 5 龄幼虫身上。

那只幼虫猛地抬起上半身，

使劲摇晃着，试图甩开小茧蜂。

"哎呀！吓死我了！

好好好！我走开就是！"

小茧蜂离开那只大幼虫，

飞向另一只小一些的菜粉蝶幼虫。

"为了让我的宝宝有足够的时间成长，

我还是选择小一点儿的幼虫吧！

那只大的很快就要变成蛹了。"

小茧蜂很快找到一只2龄幼虫，

落在她的背上，

接着用长长的触角轻轻敲了敲，

同时将尾部刺进小幼虫的身体里产了卵。

可是，那只小幼虫什么也没有觉察到，

仍在津津有味地吃着卷心菜叶。

"不能让小茧蜂靠近你！

你难道忘了妈妈的嘱咐吗？"

任凭雪白怎样大声呼喊，

那只小幼虫还是只顾着吃卷心菜叶。

小茧蜂们到处飞舞，

继续寻找小个头的菜粉蝶幼虫，

然后把卵产到他们的身体里。

为了躲开小茧蜂的攻击，

雪白奋力逃跑。

"哎呀！不好！"

一只小茧蜂朝雪白飞了过来。

雪白立刻将上半身使劲向前伸展，

然后迅速收缩下半身，拼命向前爬。

"哼！算你机灵！"

小茧蜂有些不满地嘟囔着飞走了。

"反正有的是菜粉蝶幼虫，

不必大费周折！"

小茧蜂径直飞向雪白身边的小幼虫。

"快点儿躲开呀！"

没等雪白喊出来，

小茧蜂已经在小幼虫的身上刺了一针，

然后从容地飞走了。

"你还好吗？"

"什么？"

"你刚才不是被小茧蜂刺了一针吗？"

"是吗？我没什么感觉啊！你不用太担心！"

"那好吧……你好！我……我叫雪白。"

"嗯，我叫妞妞。"

妞妞有些不耐烦地回答道。

妞妞好像一刻也不想停，

继续"咔嚓咔嚓"地吃着卷心菜叶。

妞妞的身体里

已经住进了 20 多枚小茧蜂的卵，

可她并没有察觉到。

这些小茧蜂的卵很快就会发育成幼虫，

开始吸食妞妞的血液。

对小茧蜂幼虫来说，

妞妞的血液就是味美的肉汤。

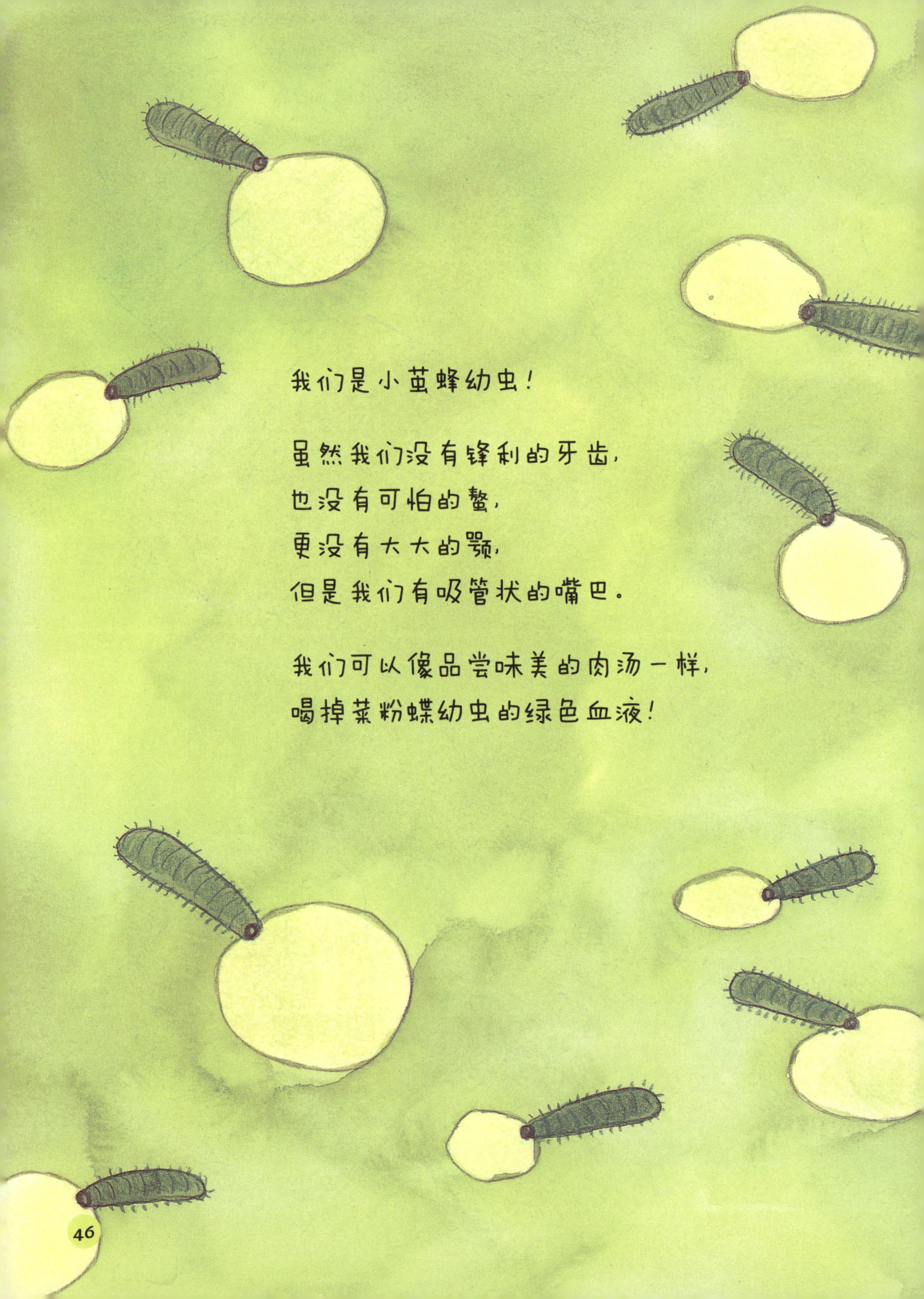

我们是小茧蜂幼虫！

虽然我们没有锋利的牙齿，
也没有可怕的螯，
更没有大大的颚，
但是我们有吸管状的嘴巴。

我们可以像品尝味美的肉汤一样，
喝掉菜粉蝶幼虫的绿色血液！

小茧蜂幼虫并不吃菜粉蝶幼虫的脂肪和肌肉，

也不吃他们的主要器官，

而只会用吸管状的嘴巴

不停地吮吸菜粉蝶幼虫的血液，

所以，菜粉蝶幼虫的内脏不会留下任何伤口。

如果菜粉蝶幼虫因为受伤而死掉，

小茧蜂幼虫也会跟着死掉。

小茧蜂幼虫非常柔弱，

他们身体的前端尖尖的，尾部可以左右扭动，

但他们无法向前移动。

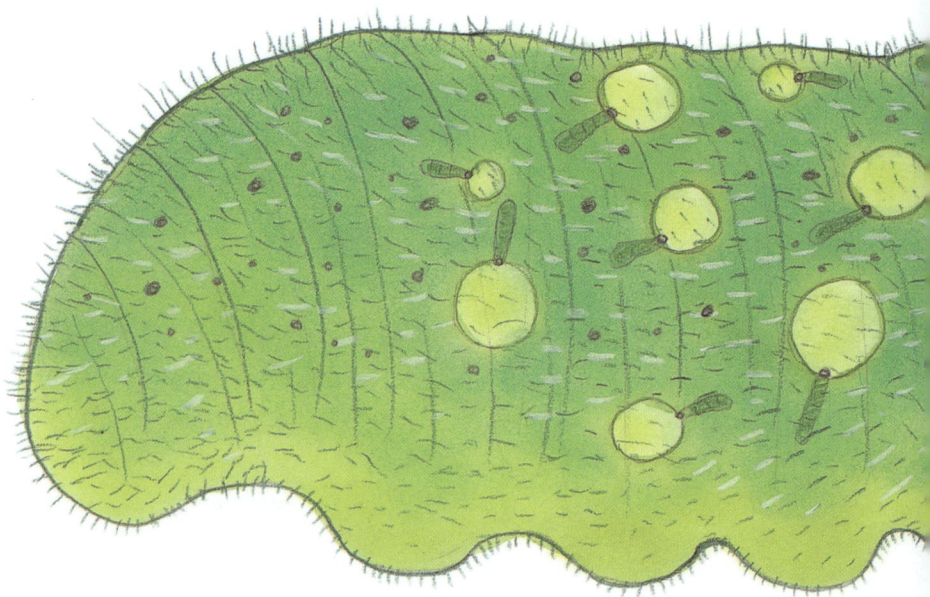

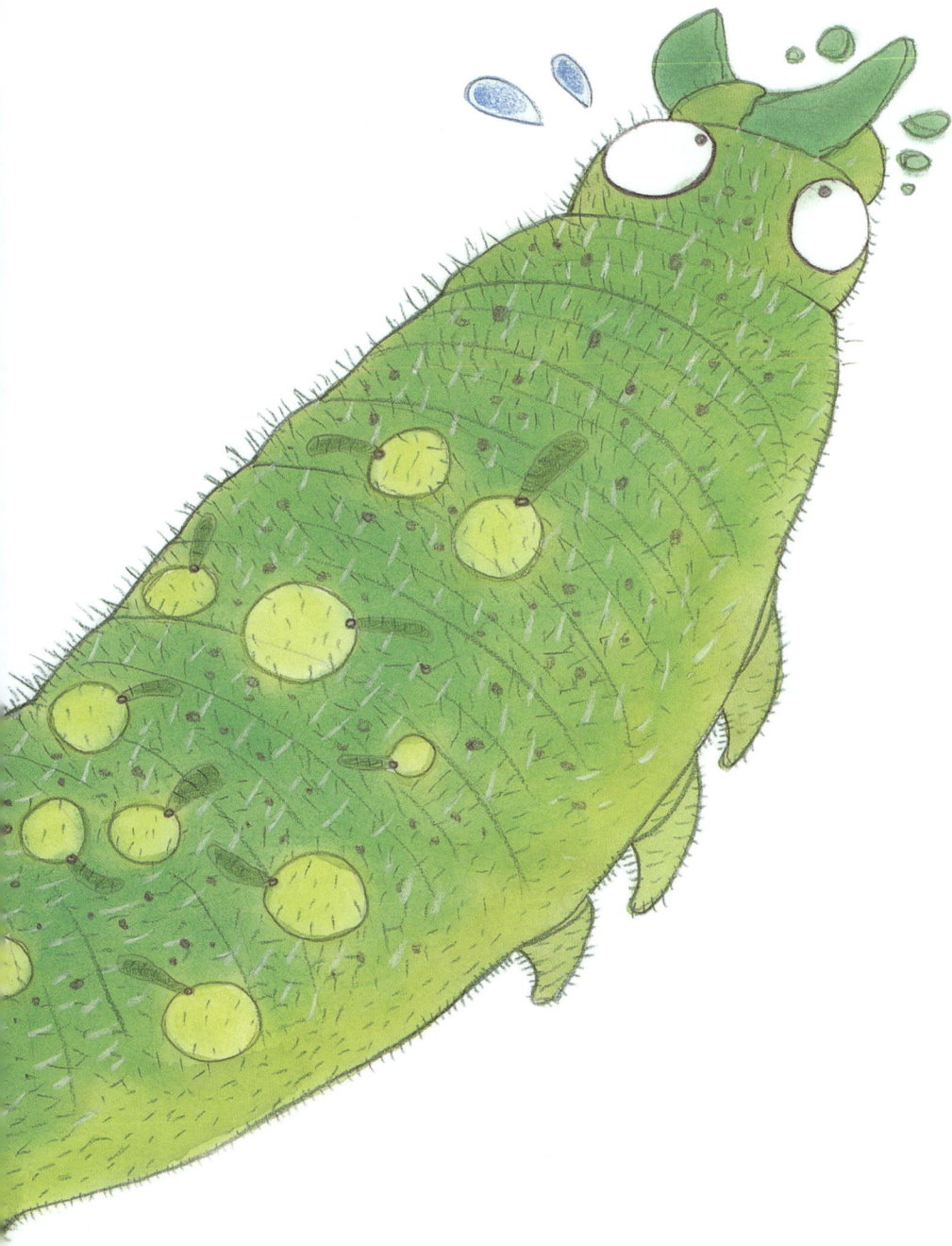

已经进入 5 月，

雪白还是每天大口大口地吃着卷心菜叶。

其他菜粉蝶幼虫也一样，

大家都在忙着吃卷心菜叶。

这一天，

妞妞好像非常不舒服，

趴在叶子上一动不动。

"妞妞，你怎么啦？"

"我也不知道，我觉得很累。"

妞妞有气无力地说道。

"休息一会儿吧！"

"不行啊！我得赶紧吐丝化蛹啊！"

妞妞用尽最后一丝力气，

不停地摇头吐丝。

"妞妞，你辛苦了！"

"没关系，这本来就是我该做的事情嘛！"

妞妞开始用吐出来的丝制作脚垫——

这是她化蛹前做的最后一张脚垫。

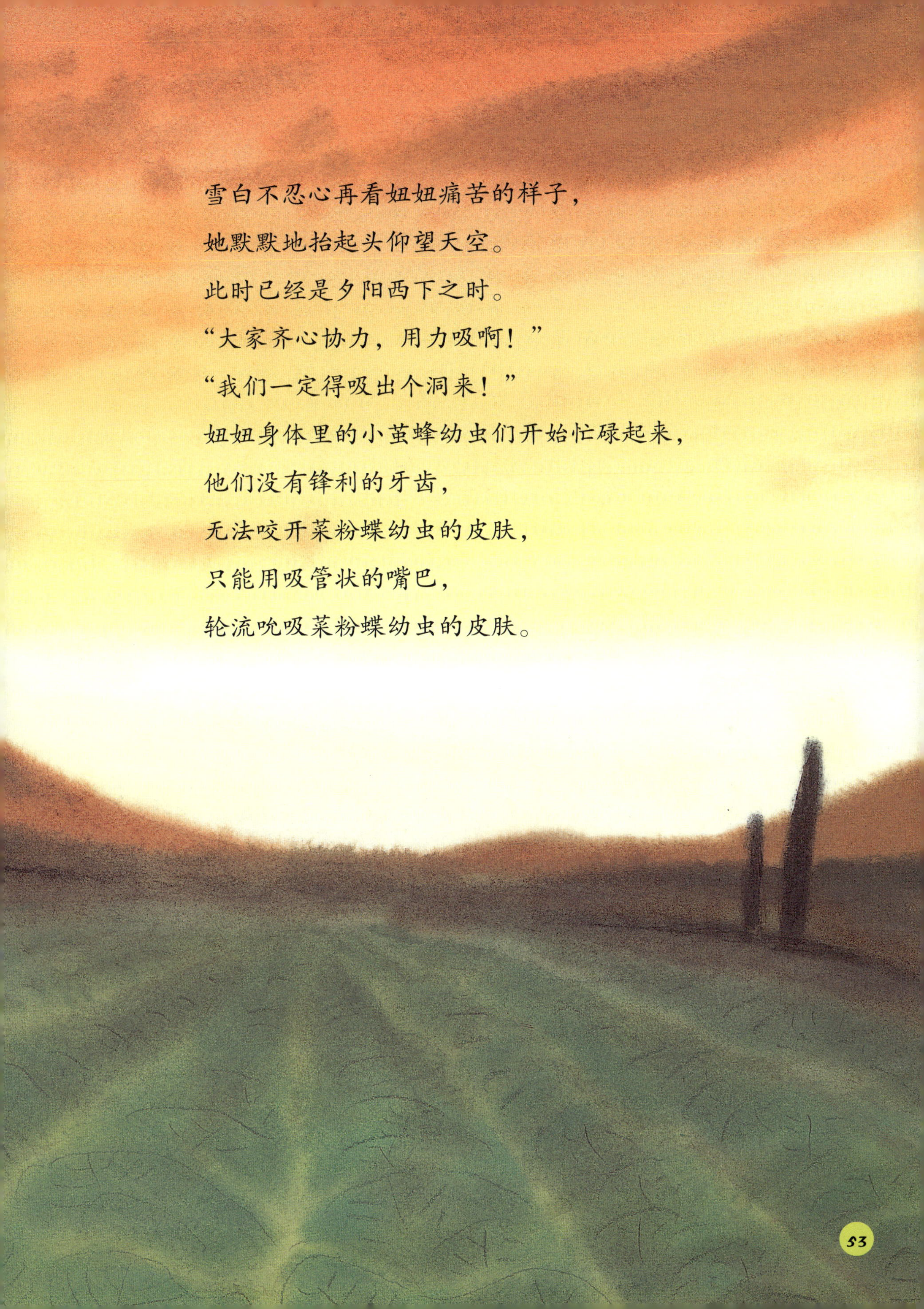

雪白不忍心再看妞妞痛苦的样子，

她默默地抬起头仰望天空。

此时已经是夕阳西下之时。

"大家齐心协力，用力吸啊！"

"我们一定得吸出个洞来！"

妞妞身体里的小茧蜂幼虫们开始忙碌起来，

他们没有锋利的牙齿，

无法咬开菜粉蝶幼虫的皮肤，

只能用吸管状的嘴巴，

轮流吮吸菜粉蝶幼虫的皮肤。

妞妞肚子上渐渐出现了一个缺口。

有的菜粉蝶幼虫身体侧面出现了洞，

这样幼虫会比较痛苦。

小茧蜂幼虫绝对不会在菜粉蝶幼虫的背部钻洞，

它们只会在菜粉蝶幼虫体节的相连处钻洞，

因为这里的皮肤又薄又软，

最容易用嘴巴吸出一个缺口。

小茧蜂幼虫一个个从妞妞肚子上的缺口爬了出来，

他们笑嘻嘻地跟雪白打招呼：

"雪白，你好吗？"

此时的妞妞已经奄奄一息。

小茧蜂幼虫全部爬出来后，

妞妞的伤口很快就愈合了，

甚至连一滴血都没有流出来——

妞妞的血已被小茧蜂幼虫吸干了。

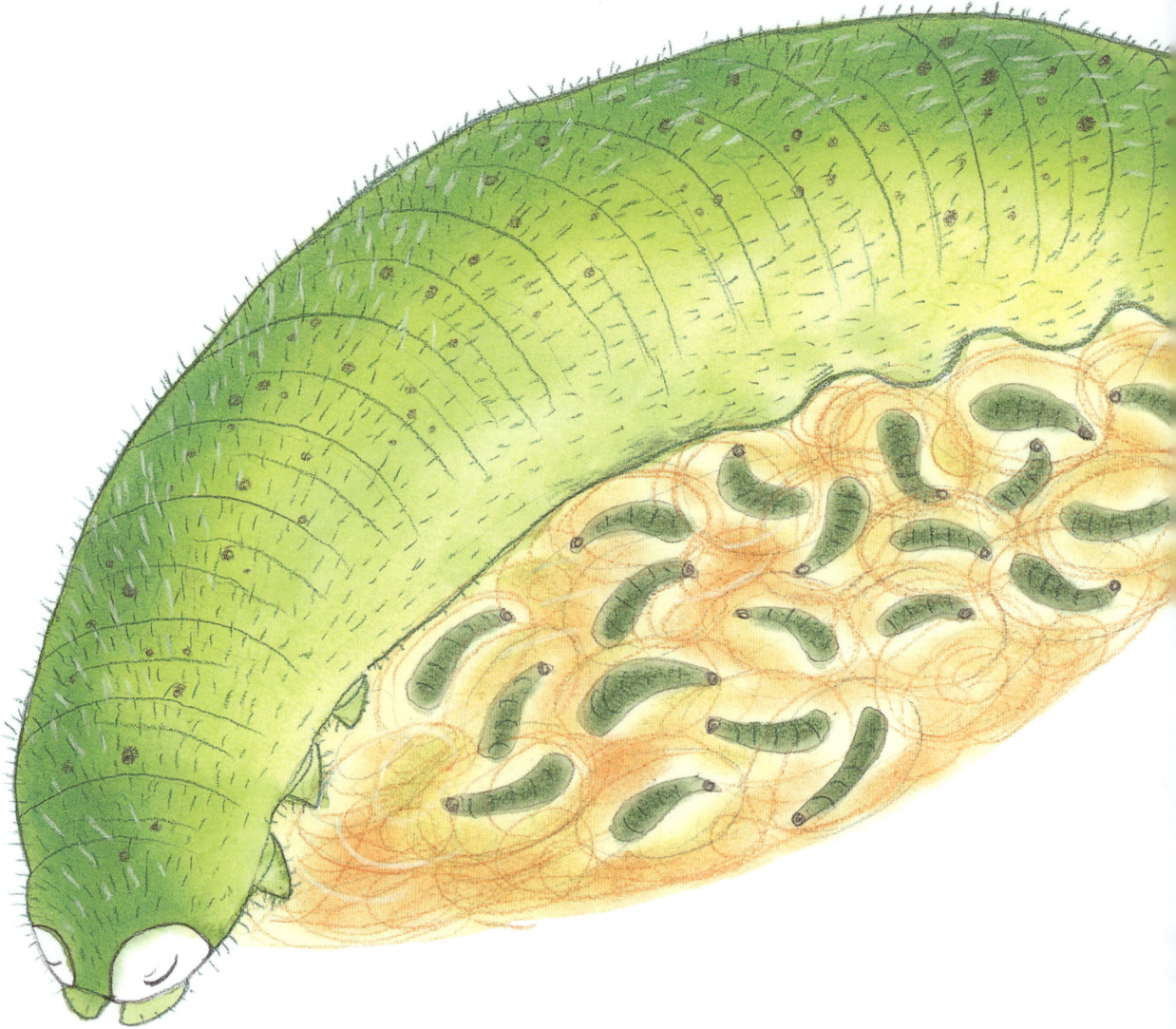

吐出来吧，吐出来吧！
快吐出黄色的丝线来！

小茧蜂幼虫将头用力向后仰，
从嘴里吐出黄色的丝线来。

粘上去吧，粘上去吧！
结成一个丝球！

他们把丝线粘在同伴吐的丝线上，
这些丝线交织成一个黄色的丝球。
这个丝球就是小茧蜂幼虫为了制作茧
而编织的框架。

"现在开始各自制作自己的小房间吧！"

小茧蜂幼虫开始在丝球里制作自己的茧，

制作出了一个又一个既光滑又美丽的丝茧。

雪白在一旁看着小茧蜂幼虫的茧，

不禁感到毛骨悚然。

因为她知道，再过两个星期，

小茧蜂成虫就会从这些茧里钻出来，

然后他们又会寻找其他菜粉蝶幼虫产卵。

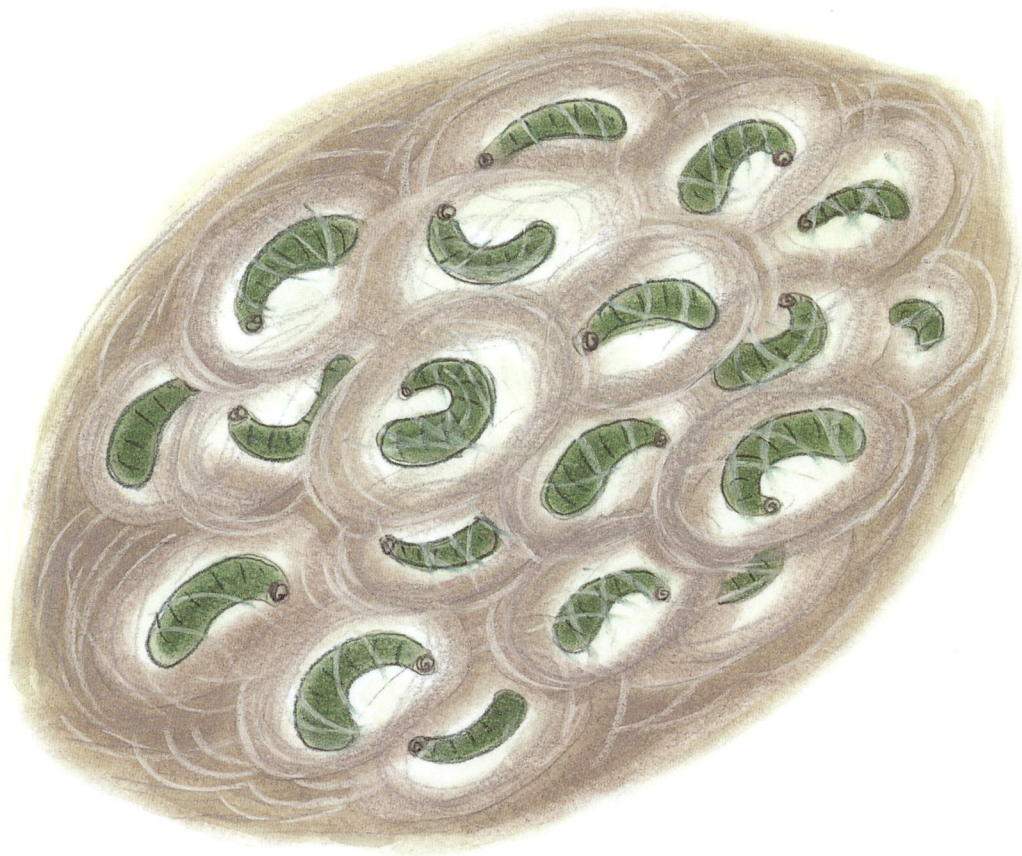

"不行，就算为了妞妞，

我也一定要长成一只美丽的菜粉蝶！"

雪白望着蓝天，

暗暗下定决心。

想到自己即将变成漂亮的蝴蝶，

雪白的心不禁扑通扑通跳了起来。

雪白孵化成幼虫已经一个月了，
这期间她一共蜕了 4 次皮，
现在她已经是 5 龄幼虫了。
有一天，雪白突然什么都不想吃了，
她感觉自己的身体变得很轻松，
而且身材好像比从前娇小了。
每次蜕皮的时候，
雪白都有同样的感觉。
"为什么会有这种奇怪的感觉呢？"
可这次的感觉和以前的有些不同，
雪白突然很想离开这个地方。
她扭动着自己的身体，
看了看其他 5 龄幼虫同伴们，
他们看起来也都有些忐忑不安。
"对了！我现在应该快要变成蛹了吧？"
雪白意识到自己马上就要化蛹了，
于是，她开始在卷心菜上来回寻找，
想要找一个能让她安全化蛹的地方，
最后，她在叶子的根部躲了起来。

雪白牢牢地贴在叶子上开始吐丝，

并织起白色绸缎般的薄薄脚垫。

"先把身体固定好吧！"

雪白先将自己的尾部紧紧地固定在卷心菜叶上，

然后用比较结实的丝线反复缠绕身体，

好像给自己系了一条条安全带一样。

就这样，雪白固定好了自己的身体。

"哇！我终于变成蛹了！"

之后，雪白一动不动地待了一天。

到了第二天，雪白背部的皮肤渐渐裂开，

蜕去了旧的外皮。

现在，雪白不需要外皮来保护身体了，

即使风吹日晒，她也不会有什么问题。

我们是蜕掉幼虫外皮的菜粉蝶的蛹，
在棕色的树干上就会变成棕色的蛹，
不仔细看的话，谁也找不到我们！

我们是即将变成美丽蝴蝶的菜粉蝶的蛹，
在绿色的叶子上就会变成绿色的蛹，
不仔细看的话，谁也找不到我们！

雪白变成了颜色酷似卷心菜的绿色的蛹，

同伴们也各自找好了隐蔽的地方，

相继变成了各种颜色的蛹。

秋天化蛹的菜粉蝶幼虫

就以蛹的状态度过寒冷的冬天。

菜粉蝶幼虫秋天一般在树干或枯草上化蛹，

所以，秋天的蛹一般像树皮或枯草的颜色。

我们是聪明的猎手，
我们知道，蜕掉幼虫外皮的、
即将变成美丽蝴蝶的菜粉蝶的蛹，
在棕色的树干上就会变成棕色的，
在绿色的叶子上就会变成绿色的，
只要仔细找就一定能找到！

我们是能干的猎手，
什么也难不倒我们金小蜂！

一群金小蜂一边唱着歌，一边飞了过来。

金小蜂喜欢在菜粉蝶新化的蛹上面产卵。

"嘿嘿！肥肥嫩嫩的蛹，

你们在哪里呀？"

每当金小蜂靠近的时候，

菜粉蝶的蛹就会蜷缩起来，

因为他们已经无法逃离，

只能寄希望于不被金小蜂发现。

"啊！对不起！"

突然，有只菜粉蝶幼虫

不小心碰了雪白一下，

雪白为了警告对方，

使劲摇晃着身体。

"我还以为是可怕的金小蜂呢！"

雪白松了一口气。

此时已经有好几个同伴被金小蜂发现，

并遭到了金小蜂的攻击。

快点儿长大吧！
千万不要被金小蜂发现！

雪白想起了妈妈的嘱咐，
赶紧屏住了呼吸。

美丽的菜粉蝶

雪白的身体慢慢发生了变化，
与幼虫时期的完全不同：
皮肤变硬了，
嘴巴和尾部变得尖尖的，
身体中间则明显鼓了起来，
她渐渐有了蝴蝶的模样。
"妈妈，我也能像你一样，
变成一只美丽的蝴蝶吗？"
自从变成蛹，雪白就不吃也不动，
不过她并没有死。
"我很快就会变成蝴蝶的！"
雪白耐心地等待着羽化。

雪白的身体一天天长大。

又过了一个星期。

"哇！我的翅膀上长出黑色斑点了！"

雪白兴奋得不得了，

因为这代表着她即将羽化。

雪白继续长大。

又过了一个星期，

她的翅膀上已经有 3 个非常明显的黑色斑点了，

她的翅膀变成了真正的蝴蝶翅膀。

一天凌晨，

雪白终于开始羽化了！

蛹从头部开始慢慢蜕皮，

雪白从里面缓缓爬了出来。

此时雪白的翅膀折叠着，

还有些皱皱巴巴的。

她本能地开始将体液输送到翅膀上，

只见白色的翅膀渐渐展开。

“啊！我终于变成蝴蝶了！”

雪白高兴得想立刻飞起来。

但是，现在还不行，

因为她的翅膀还没有完全变干。

微风拂过雪白的身体，

初升的太阳温暖地照在她的身上。

雪白静静地待在叶子上，
一动也不动。
终于，她的翅膀变干了。
"试着扇动一下翅膀吧！"
在第一次飞行前，
雪白先反复扇动自己的翅膀，
这样可以排出残留的体液。
最终，雪白的翅膀完全舒展开了。
她的前翅顶端有一枚三角形黑斑，
下部则有几个黑色斑点，
她的翅膀就像绣品一样美丽。
雪白展开翅膀后，
翼展达到 55 毫米，
她头上长出了触角、复眼和口器，
胸部也长出了前足、中足和后足共 3 对足。

"飞飞看吧！高高地飞起来吧！"

雪白缓缓扇动着翅膀飞了起来，

她的下方是一片绿油油的卷心菜地。

"啊！好饿呀！

可是，我要吃的花蜜在什么地方呢？"

雪白东张西望地寻找着食物。

她发现卷心菜地的尽头有座小丘陵。

"嗯……那里应该有花吧！"

雪白赶紧飞向小丘陵。

小丘陵上长满了杏树。

"你是谁呀？"

一个花枝招展的家伙挡住了雪白的去路，

他的翅膀呈美丽的红褐色。

"我？我叫雪白。"

"啊，你是菜粉蝶吧？

你好啊！我是孔雀天蚕蛾。"

"蛾？蛾不是只有晚上才出来吗？"

"怎么？难道你不相信吗？"

看着雪白半信半疑的样子，

小孔雀天蚕蛾一脸不悦地说：

"你先听我解释，

然后再想想我到底是不是蛾吧！"

不等雪白回答，

小孔雀天蚕蛾便滔滔不绝地开始演讲了。

"蝴蝶通常在白天活动，

而蛾大部分到了晚上才开始活动。

不过，也有像我这样白天出来活动的蛾。

鹿蛾、斑蛾，

还有非洲东南部马达加斯加岛上的日落蛾，

白天也都会出来活动，

这没什么好奇怪的！

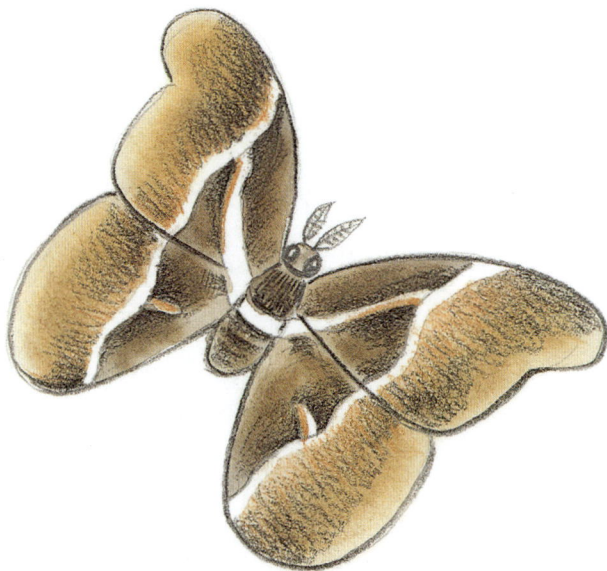

"蝴蝶的触角长得像小木棍，

而蛾的触角长得像羽毛。

还有，蝴蝶身体细长，

而蛾身体粗短。

此外，蛾的前后翅之间有连接器，

而蝴蝶没有。

"当然，这些特征也不是绝对的，

就像有些蛾也会白天出来活动一样。

人类为了区分蝴蝶和蛾绞尽了脑汁，

其实，并没有绝对的区分标准！"

小孔雀天蚕蛾拍打着翅膀，自信地说。

"是吗？听起来人类似乎对我们很感兴趣呢！"

雪白好奇地眨着眼睛，

仔细地聆听着小孔雀天蚕蛾的话。

"当然！人类还给我们起了各种各样的名字呢！

"在英语中，蝴蝶被称为'butterfly'，
蛾被称为'moth'。
不过，在我们生活的法国，
人们把蝴蝶和蛾统称为'papillon'，
因为法语的'papillon'是从拉丁语的'papilio'演变而来的。
而在意大利，蝴蝶被叫作'farfalla'。
此外，人类从古希腊甚至更远古的时代开始，
就认为蝴蝶和蛾是灵魂的化身。
在希腊语中，蝴蝶也被称为'psyche'（灵魂）。
在有些地方，人们认为，
人去世后，灵魂会化为蝴蝶或者飞蛾。

"每到夜晚，因为被篝火或者蜡烛的火光吸引，

蛾常扑进火里被烧死，

对人类来说，这是令他们非常困惑的事情。

人类认为蛾是为了复活，

才以这种方式结束生命。"

小孔雀天蚕蛾得意扬扬地结束了自己的演讲。

"好了，咱们下次再见吧！

我现在要去找雌孔雀天蚕蛾了！"

小孔雀天蚕蛾挥舞着翅膀渐渐远去。

"雌的？"雪白一时沉浸在思绪中。

但很快她就觉得肚子饿了。

在不久之前，雪白是吃着卷心菜叶长大的，

而现在她需要吃鲜花的蜜。

美丽的蝴蝶，
你要落在卷心菜上吗？

不！不！
我要落在白色或者黄色的花瓣上！

雪白一边展开翅膀飞舞，

一边东张西望地四处寻找。

忽然，一股甜甜的花香吸引了雪白——

是油菜花的味道！

菜粉蝶特别喜欢花瓣较大的白花或者黄花，

像油菜花、白菜花和萝卜花等。

雪白轻轻地落在花瓣上，

将卷起的吸管状的嘴巴伸直并插进花朵里，

用力吸着花蜜。

"真甜啊！"

雪白觉得很幸福。

正在这时，

一只躲在草丛里的螳螂偷偷摸摸地朝雪白爬了过来。

螳螂不停地转动着那对透明的草绿色复眼，

一步一步逼近雪白。

"快躲开！"

不知从哪里飞来另一只菜粉蝶，

朝雪白大喊道。

雪白吓了一跳，赶紧飞了起来。

幸好，螳螂的前腿只轻轻擦过了雪白的后翅。

"气死我了！"

螳螂咽着口水，

狠狠地瞪了一眼那只菜粉蝶，

很快消失在草丛里。

"你怎么那么不小心呢？

难道你不知道，

躲在草丛里的敌人随时都会袭击我们吗？"

那只菜粉蝶气喘吁吁地开始责备雪白。

雪白觉得非常难为情，再加上受了惊吓，

她不知所措地低着头，一言不发。

这时，雪白发现地上有破碎的翅膀，

看来已经有其他蝴蝶遭到了螳螂的袭击。

"千万不要忘记，我们有很多敌人！

对鸟和蜘蛛也要特别当心！"

"我知道了！"

"还有，这片草丛里到处都是食虫虻和细腰蜂，

他们正虎视眈眈地盯着我们！"

"我知道了。"雪白小声回答。

"你要记住，

我们菜粉蝶没有可以用来攻击敌人的武器，

只能自己提高警惕。"

那只菜粉蝶低声叮嘱完雪白后，

连声招呼也没打，

就飞快地朝湿地飞去。

雪白呆呆地望着那只菜粉蝶远去的背影——

他的翅膀比雪白的亮丽，

他翅膀上的黑色斑点比也雪白的淡。

雪白自言自语地说："是只雄蝴蝶！"

"我得好好练习一下躲避鸟的方法！

产卵之前，我绝对不能死！"

第二天，

雪白将身体倒立，开始练习在空中盘旋。

蝴蝶的翅膀占体重的比例很大，

因此，蝴蝶飞行时很容易受到气流的影响。

不过，雪白觉得这种练习很轻松。

她一边随风飞舞，

一边随心所欲地改变飞行方向。

她想，自己只要勤学苦练，

就不会轻易被鸟吃掉。

虽然已经是早晨，但田间仍黑漆漆的，

天空布满乌云，好像快要下雨了。

"我这是怎么了？"

雪白觉得自己与平常又有些不同，

一种奇妙的感觉使她的心跳莫名地加快，

就算吸着花蜜，她也不觉得香甜。

这时，不知从哪里飞来一只雄菜粉蝶，

他围着雪白不停地飞来飞去——

他这是在向雪白求爱。

"不要！"

雪白不想和他交配，

于是马上展开翅膀，

并将尾巴高高地挺了起来。

雄菜粉蝶又在雪白周围环绕了几圈，

但雪白再次拒绝了他，

他失望地飞走了。

雪白不停地东张西望，

仿佛在焦急地期盼着什么，

她的胸口一阵阵发闷。

"你好啊，我们又见面了！"

突然，不知从哪里又冒出来一只菜粉蝶——

正是从螳螂手中救了雪白一命的那只雄菜粉蝶！

没想到，他竟然也环绕着雪白，

表达对雪白的爱慕。

这次，雪白没有展开翅膀表示拒绝，

她温柔地和那只雄菜粉蝶依偎在一起。

交配后的第二天，
雪白飞向了久违的卷心菜地——
她的故乡！
从卵到幼虫，从幼虫到蛹，
雪白在这里一点点长大。
现在，雪白也像妈妈一样，
为了产卵而回到了这片卷心菜地，
这里仍然有一望无际的绿色卷心菜。

又嫩又好吃的卷心菜，
我的宝宝们最喜欢。

又大又香甜的卷心菜，
让我的宝宝们快快长大。

又绿又有营养的卷心菜，
让我的宝宝们健康成长。

即将成为母亲的雪白，
向着卷心菜地飞了过去。

我的昆虫观察笔记

请用文字或图画记录你的所见所感。

큰 배추 흰나비의 한살이 by Chun-ok kim (author) & Se-jin Kim (illustrator)
Copyright © 2002 Bluebird Child Co.
Translation rights arranged by Bluebird Child Co. through Shinwon Agency Co. in Korea
Simplified Chinese edition copyright © 2025 by Beijing Science and Technology Publishing Co., Ltd.

著作权合同登记号　图字：01-2005-3603

图书在版编目 (CIP) 数据

法布尔昆虫记. 蔬菜大食客菜粉蝶 /（韩）金春玉编著；（韩）金世镇绘；李明淑译 . 一北京：北京科学技术出版社，2025.1
ISBN 978-7-5714-2914-0

Ⅰ . ①法… Ⅱ . ①金… ②金… ③李… Ⅲ . ①昆虫 – 儿童读物②蝶 – 儿童读物 Ⅳ . ① Q96–49 ② Q964–49

中国国家版本馆 CIP 数据核字 (2023) 第 031308 号

策划编辑：徐乙宁
责任编辑：付改兰
封面设计：包荧莹
图文制作：天露霖
出 版 人：曾庆宇
出版发行：北京科学技术出版社
社　　址：北京西直门南大街 16 号
邮政编码：100035
电　　话：0086-10-66135495（总编室）
　　　　　0086-10-66113227（发行部）
网　　址：www.bkydw.cn
印　　刷：保定华升印刷有限公司
开　　本：787 mm × 1092 mm　1/16
字　　数：88 千字
印　　张：7
版　　次：2025 年 1 月第 1 版
印　　次：2025 年 1 月第 1 次印刷
ISBN 978-7-5714-2914-0

定　　价：299.00 元（全 10 册）